Muruganandam M

Invasão de gafanhotos do deserto

Muruganandam M

Invasão de gafanhotos do deserto

Bênção para as nossas bio-indústrias

ScienciaScripts

Conteúdo

Dedicado a
O nosso ilustre cientista
Dr. A.P.J. Abdul kalam

A invasão de gafanhotos do deserto é um dos problemas sazonais das últimas décadas, porque destrói completamente a agricultura e outras hortas úteis. Devido à explosão demográfica, as pessoas utilizam milhares de acres para fins agrícolas, o gafanhoto do deserto invade e destrói toda essa área em poucos dias. Cria escassez de alimentos para a população humana. O gafanhoto do deserto causa problemas aos países asiáticos, ao Médio Oriente e aos países da África Oriental. Há muitos registos do sofrimento causado pela invasão de gafanhotos no Egito, em tempos antigos. No nosso país, o governo utiliza pesticidas para destruir a população de gafanhotos do deserto. Mas há muitas aplicações úteis nas bio-indústrias, algumas coisas úteis, ideias são discutidas neste livro para os pequenos agricultores e industriais no mundo em desenvolvimento. Espero que este livro seja útil para as pessoas que trabalham por conta própria nos países em desenvolvimento.

M.Muruganandam.

Capítulo 1

Invasão de gafanhotos do deserto

1.1. Gafanhoto do deserto

O gafanhoto é um inseto que pertence à família dos saltadores de erva. São as pragas migratórias mais antigas do mundo. Os faraós do antigo Egito sofreram com os prejuízos agrícolas causados pela invasão dos gafanhotos. Existem quatro tipos de gafanhotos, entre os quais se encontra o gafanhoto do deserto. O seu nome científico é *Schistocerca gregaria.* É uma espécie notória que se encontra em muitos países da Ásia, Médio Oriente e África.

Durante a estação das chuvas, que produz solo húmido e plantas verdes abundantes, os gafanhotos começam a reproduzir-se rapidamente e a aglomerar-se ainda mais. Nestas condições, transformam o seu estilo de vida solitário num estilo de vida em grupo, a que se chama fase gregária. O gafanhoto pode até mudar de cor, de forma do corpo e até o cérebro fica maior. Por fim, começa a destruir todos os campos agrícolas.[7]

1.2. Biologia

O gafanhoto do deserto é uma das cerca de uma dúzia de espécies de fungos gramíneos de chifres curtos que se sabe alterarem o seu comportamento e formarem enxames de adultos ou bandos de fungos (ninfas sem asas), enxames que consistem em milhões de insectos que danificam completamente as culturas alimentares. Durante os períodos de acalmia, os gafanhotos do deserto estão normalmente limitados aos desertos semi-áridos e áridos de África, do Próximo Oriente e do Sudoeste e da Ásia que recebem menos de 200 mm de chuva por ano.

O ciclo de vida compreende três fases: ovo, ninfa (funil) e adulto. Os ovos eclodem em cerca de três semanas, variando entre 10 e 65 dias. Os fungos desenvolvem-se em cinco a seis fases durante um período de cerca de 30-40 dias e os adultos amadurecem em cerca de três semanas a nove meses, mas mais frequentemente de dois a quatro meses. As fêmeas põem ovos. É uma cápsula de ovos principalmente em solos arenosos. Uma fêmea solitária põe cerca de 95-158 ovos, enquanto uma fêmea gregária põe normalmente menos de 80 ovos numa cápsula.

As fêmeas podem pôr pelo menos três vezes durante a sua vida, geralmente em intervalos de cerca de 6-11 dias, até 1000 ovos em vagens. Foram encontrados num metro quadrado. Um gafanhoto do deserto vive um total de cerca de três a cinco meses. No entanto, esta duração é extremamente variável e depende sobretudo das condições climatéricas e ecológicas.

O gafanhoto pode permanecer no ar durante longos períodos de tempo. Os adultos solitários dos gafanhotos do deserto voam geralmente à noite, enquanto os adultos gregários (enxames) voam durante o dia. Um adulto de gafanhoto do deserto pode consumir cerca do seu peso em alimentos frescos por dia. À medida que os gafanhotos do deserto aumentam em número e se aglomeram, mudam o seu comportamento de inseto individual para o de grupo. O aspeto do gafanhoto também muda: os adultos solitários são castanhos e os adultos gregários são cor-de-rosa (imaturos) e amarelos (maduros). Também não transportam agentes patogénicos e doenças.

No deserto, as condições favoráveis para a reprodução são, na sua maioria, solos arenosos ou argilosos a uma profundidade de muitos metros abaixo da superfície, algumas zonas de bane para a postura de ovos e vegetação verde para o desenvolvimento do funil.

1.3. Invasão

Os gafanhotos são normalmente inofensivos, mas quando encontram condições ambientais adequadas, começam a reproduzir-se e a espalhar-se pelas regiões, desenvolvendo as culturas e provocando graves prejuízos agrícolas nessa zona e destruindo toda a economia agrícola, o que se designa por invasão de gafanhotos, esta espécie tem uma área de cerca de seis milhões de milhas quadradas, podendo espalhar-se por 60 países e cobrindo um quinto da superfície terrestre. O Quénia registou o pior surto de gafanhotos dos últimos 70 anos.

Recentemente, a Somália foi afetada pelo pior ataque de gafanhotos. A Etiópia também é afetada por gafanhotos. Na Índia, os gafanhotos chegam normalmente entre julho e outubro. O seu potencial de crescimento exponencial e de destruição das culturas é motivo de grande preocupação.

1.4. Estratégias de gestão

Enormes enxames de gafanhotos, cerca de um milhão de insectos, causaram uma grande destruição das culturas e dos meios de subsistência em países da África Oriental, da Ásia e do Médio Oriente. Estes países afectados tomam várias medidas para resolver este problema, sendo as estratégias de gestão importantes discutidas uma a uma.

1.4.1. ussia

A Rússia utiliza o gafanhoto para preparar alimentos compostos para animais. A Rússia desenvolveu um sistema chamado extrusor vetorial que processa os corpos secos dos insectos que são utilizados na alimentação animal. Durante esse processamento, todas as bactérias nocivas são destruídas. É importante que este tratamento mantenha o elevado valor energético da produção. A farinha de gafanhoto é bastante atractiva para utilização em alimentos para aves de capoeira e suínos. Esta tecnologia também foi exportada para a Mongólia e o Uzbequistão. Atualmente, a Rússia está a construir uma fábrica de rações para transformar a alfarroba. Assim, a Rússia utilizou a alfarroba como ingrediente de alimentos para animais para preparar um alimento composto e reduzir o custo de produção de alimentos para animais domésticos.

1.4.2.   China

Os patos são uma boa arma biológica contra os enxames de gafanhotos", afirmou Lulizhi, da Academia de Ciências Agrícolas de Zhejeing, aos meios de comunicação social chineses. Uma galinha pode comer cerca de 70 gafanhotos por dia. Mas um pato pode comer três vezes mais, um pato pode comer mais de 200 gafanhotos por dia e os patos são muito fáceis de gerir, uma vez que tendem a manter-se em grupos. A China enviou 30.000 patos da província de Zhejang para Xinjiang para combater uma infestação de gafanhotos. A China enviou 30 000 patos da província de Zhejang para Xinjiang para combater uma infestação de gafanhotos.

1.4.3.   Filipinas

O governo das Filipinas tentou encorajar as pessoas a colher insectos como alimento para as pessoas, o gado e os peixes de criação. Embora um enxame de gafanhotos possa ser um excelente alimento para os criadores de peixes ou de galinhas, é provavelmente demasiado previsível, pelo que faria mais sentido tentar criar insectos especificamente como alimento para peixes e animais.

1.4.4. Médio Oriente

O gafanhoto é consumido na Península Arábica, incluindo na Arábia Saudita, onde o consumo de gafanhotos aumentou por altura do Ramadão. No Iémen também se consomem gafanhotos. Muitos sauditas acreditam que a sua ingestão é saudável. No século XIX, os viajantes europeus observaram os árabes na Arábia, no Egito e em Marrocos a vender, cozinhar e comer gafanhotos. No Egito e na Palestina, os gafanhotos eram consumidos. Antigamente, os árabes consumiam gafanhotos porque estavam disponíveis em grande quantidade no deserto em determinadas épocas e porque tinham um teor mais elevado de proteínas. Atualmente, nalgumas regiões, as pessoas utilizam os gafanhotos como alimento suplementar para a cultura de peixes Tilápia.

1.4.5. Paquistão

Utilização de insectos no Paquistão como ingredientes alternativos na indústria dos alimentos para aves de capoeira e solução promissora para otimizar a produção animal. Os gafanhotos só voam à luz do dia. Durante a noite, aglomeram-se nas árvores e em terrenos abertos nalgumas zonas, onde permanecem quase imóveis até caírem. Normalmente, uma média de 7 toneladas de gafanhotos caem numa pequena área numa noite, que são pesados e vendidos a fábricas de rações para galinhas nas proximidades.

O Diretor Geral da Hi-Tech feeds diz que a sua empresa alimentou os seus frangos de carne com a ração de gafanhotos num estudo de cinco semanas, tendo todos os aspectos nutricionais sido positivos. Se for utilizado para capturar os gafanhotos sem os pulverizar, o seu valor biológico é elevado e têm um bom potencial para serem utilizados em alimentos para peixes, aves de capoeira e mesmo em alimentos para animais leiteiros. Assim, o Paquistão utiliza-o principalmente como alimento suplementar para galinhas. A produção de alimentos para galinhas é um fator de autoemprego para as populações rurais. Segundo informações, a China poderá enviar 100 000 patos para o vizinho Paquistão para ajudar a combater os enxames de gafanhotos devoradores de culturas. Os chineses enviaram patos para as zonas mais afectadas do Paquistão nas províncias de Sindh, Baluchistão e Punjab. Os patos eram utilizados antigamente contra os enxames de gafanhotos, pelo que os chineses enviaram patos para resolver este problema.

1.4.6.   Índia

Na Índia, o governo utiliza pesticidas para controlar a invasão de gafanhotos. Nalguns locais, utilizam grandes tambores para lutar contra os gafanhotos. Os agricultores não têm uma ideia correta para lidar com este problema e não têm ideia para o resolver. Por isso, utilizam pesticidas através de drones e tentam controlar a invasão de gafanhotos. Principalmente o norte da Índia é muito afetado, sobretudo o Rajastão, por estas invasões de gafanhotos do deserto. Os agricultores pobres criam música com tambores e acreditam que grandes sons tentarão travar a invasão de gafanhotos. Por isso, produzem grandes sons. No entanto, estas invasões são muito úteis para melhorar a nossa economia rural. A recolha e preservação de insectos dá oportunidade de emprego às populações rurais. Os insectos recolhidos são muito úteis para o desenvolvimento de muitas indústrias rurais de pequena escala, tais como as indústrias de alimentos para animais domésticos, rações para galinhas, rações para patos, vermicomposto, indústria de cogumelos, etc. A invasão dá oportunidade de aumentar o autoemprego e de desenvolver as indústrias rurais nos países em desenvolvimento.

Estes insectos contêm uma grande quantidade de quitina, que será útil para as indústrias medicinais e agrícolas. A farinha destes insectos é uma fonte de proteínas útil em muitas indústrias de alimentação animal. A indústria de rações para aquacultura necessita de mais fontes de proteínas; a farinha de gafanhoto é um ingrediente à base de proteínas que é altamente adequado para as indústrias de rações para aquacultura. Neste livro, como zoólogo, partilho os meus pontos de vista e ideias com os agricultores e cientistas do mundo em desenvolvimento. Com base em métodos de tentativa e erro, devemos descobrir mais algumas novas aplicações da alfarroba. Será útil para os agricultores pobres do nosso mundo em desenvolvimento.

Bibliografia

1. Net News (referência): 8/4/2015: Notícias sobre matérias-primas na Rússia: Processamento de gafanhotos para alimentos compostos para animais.

2. Notícias da Net: 3/7/2020: Novas notícias sobre proteínas: Proteína de insectos Patos para combater gafanhotos no Paquistão.

3. 27 de fevereiro de 2020: Net News: A China pode enviar patos para combater os enxames de gafanhotos do Paquistão.

4. Boletins informativos sobre insectos alimentares: Filipinas-Fontes da rede.

5. Notícias da Net: Novas proteínas de insectos.

6. junho: 19:2020: Enxames de gafanhotos vão tornar-se ração para galinhas: Fontes da Net.

7. Hindu Daily News fevereiro-2020. (Fontes líquidas). www.Hindu.Com.

8. Joost Ven Itter beeck, investigador de pós-doutoramento, Universidade Nacional de An dong, (2020) Os gafanhotos são uma excelente fonte de proteínas, mas comê-los já não é uma boa ideia. 27 de maio de 2020. A conversa. (Fontes líquidas)

Capítulo 2

Quitina de inseto

2.1 : quitina

O gafanhoto não contém ossos. É recolhido com uma rede mosquiteira, completamente seco e depois triturado. A energia fina é útil para preparar muitos produtos, um dos quais é a quitina. Os materiais duros podem ser a quitina, que é um polissacárido natural, e também útil na indústria farmacêutica.

A quitina é convertida em quitosano através de diferentes etapas do processo químico. O quitosano é muito útil na indústria farmacêutica. A quitina é constituída por cadeias longas. Não se encontra no estado puro dentro da cutícula, mas sempre em associação com proteínas.

As formas puras da quitina e dos seus derivados são sólidos cristalinos, sem cheiro e sem sabor. O quitosano é solúvel em água, pelo que, uma vez neutralizado, pode ser aplicado com segurança no solo das plantas, sob a forma de solução ou de energia seca. A quitina tem a mesma estrutura química que a celulose (fibra vegetal). É um polissacárido de revestimento. A quitina é isolada a partir de animais, especialmente aqueles com exterior duro, em muitos insectos e crustáceos. O quitosano é derivado da quitina, mantendo um número suficiente de grupos acetilo para que a molécula seja solúvel na maioria dos ácidos distribuídos. O quitosano é o derivado mais útil da quitina.

O quitosano é um polímero de hidratos de carbono natural modificado que se encontra numa vasta gama de fontes naturais, tais como crustáceos, moluscos, fungos e insectos. O quitosano é um polímero não tóxico e biodegradável de elevado peso molecular e é muito semelhante à celulose em termos da sua estrutura química.

Os cientistas verificaram que, nos insectos, a quantidade total de glicogénio utilizada não era suficiente para dar conta da quantidade de quitina formada. Elusk (1959) sugeriu que os lípidos poderiam participar na síntese de quitina, mas as quantidades dessas reservas diminuíram consideravelmente com a formação da nova cutícula.

2.2 Fonte

A quitina é um dos principais constituintes das células de muitos fungos, esqueletos extra de insectos e conchas de crustáceos. Está principalmente presente nos resíduos de produtos alimentares marinhos, como o camarão, o camarão, o caranguejo, a lagosta, o lagostim, a lula e o choco.

A maior parte da quitina é produzida para fins agrícolas. É obtida a partir dos exoesqueletos das explorações de crustáceos, principalmente camarão, caranguejo e lagosta. Para além do processamento de um elevado teor de quitina, a utilização de exosqueletos de crustáceos proporciona uma forma de utilizar a principal fonte de resíduos na indústria de criação de camarões.

Outra fonte importante de quitosano é o quitosano fúngico. O quitosano fúngico é preparado principalmente a partir de cogumelos ostra e Aspergillus niger. As empresas chinesas preparam e vendem quitosano fúngico. Informaram que se destinam a vegetarianos. Referiram algumas vantagens como o facto de ser biodegradável, não tóxico, não conter glúten, ser renovável e de qualidade consistente, etc.

Atualmente, a quitina de insectos tem muitas possibilidades de utilização futura. O gafanhoto do deserto possui uma grande quantidade de quitina. É um constituinte importante da cutícula do exoesqueleto do gafanhoto do deserto. A extração de quitina de insectos é uma fonte alternativa à extração de quitina de crustáceos marinhos. No entanto, os produtos dos crustáceos marinhos têm registado uma estabilidade crescente nas últimas décadas. No entanto, a quitina de insectos tem um potencial promissor no futuro.

2.3   : Funções biológicas

Nos invertebrados, a quitina é complementada com uma quantidade substancial de proteínas, cálcio e minerais. Nos fungos, isto envolve ligações cruzadas. Devido ao envolvimento de outros polímeros, o conteúdo de quitina das paredes celulares dos fungos varia entre 22% e 40%

A quitina partilha um certo número de semelhanças bioquímicas com a celulose presente nas paredes celulares das plantas. Tal como a celulose, é um polissacárido linear de cadeira longa. A quitina é utilizada para restringir barreiras químicas e físicas que produzem estabilidade estrutural. No entanto, ao contrário da celulose, a quitina tem uma rigidez inata.

Tal como no caso da celulose nas paredes celulares das plantas, o polissacárido quitina é combinado com outros compostos para produzir tecidos reforçados. A quitina e o quitosano são estruturalmente semelhantes à heparina, que são todos polissacáridos biologicamente importantes. O quitosano é quase o único polissacárido catiónico na natureza e não é tóxico e biodegradável no corpo humano. Esta propriedade especial não tem qualquer valor no que respeita às aplicações biomédicas. A modificação química do quitosano permite obter derivados solúveis a um pH neutro e básico. Existe um vasto campo de investigação e desenvolvimento no domínio dos biomateriais provenientes de insectos.

2.4 Extração

A quitina e o quitosano de insectos não eram tóxicos e possuíam propriedades antimicrobianas, pelo que são adequados como material alternativo para produção em massa e aplicação para comercialização. As caraterísticas da quitina e dos seus derivados de insectos são semelhantes às da quitina comercial de crustáceos e outros invertebrados aquáticos. Também não é tóxica e a sua utilização é muito mais segura. Os métodos mais comuns são os tratamentos químicos e biológicos.

Existem diferentes métodos de extração de quitina. Os principais passos são a remoção de impurezas e matéria orgânica estranha, incluindo proteínas e minerais do exoesqueleto. No tratamento químico, a desmineralização é um passo importante, a desmineralização remove os minerais associados à estrutura básica do exoesqueleto e a desproteinização é um passo básico que remove a proteína ligada a todos os constituintes. Em geral, para efeitos de comparação, os parâmetros do tratamento ácido (concentração, temperatura, tempo e relação estrutura/sólido) utilizados para a extração química de insectos são moderados em comparação com os do camarão. Isto deve-se ao facto de os insectos terem um nível inferior de materiais inorgânicos em comparação com a casca dos crustáceos (20-40%).

A extração química é o método mais conveniente e eficaz. Para a desmineralização, também conhecida como descalcificação, o ácido clorídrico (HCI) é o ácido mais utilizado anteriormente. No entanto, pode ser a causa dos efeitos das propriedades naturais da quitina. Remove o agente descalcificante mais utilizado tanto para a produção de quitina em laboratório como à escala industrial.

Durante a otimização, a extração de quitina pode minimizar a degradação e reduzir os níveis de impureza de forma satisfatória. A principal diferença entre os novos métodos e os métodos convencionais é a inclusão de dois tratamentos com hipoclorito de sódio durante 10 minutos antes dos processos de desmineralização e desproteinização. Após o tratamento com Nacl, 15 minutos foram suficientes para a desmineralização e suficientes para o processo de desproteinização. A quitina extraída de forma convencional tinha praticamente as mesmas propriedades físico-químicas.

A vantagem do novo método é a extração relativamente rápida da quitina; o novo método parece ser promissor em termos de poupança de tempo e energia. A quitina foi desacetilada e purificada para isolar a quitosana. Os estudos provaram que o gafanhoto tinha o maior rendimento de quitina, seguido do camarão, do escaravelho e da abelha.

A capacidade de ligação à água e a capacidade de ligação à gordura do quitosano isolado de gafanhotos são inferiores às do quitosano de camarão. A difração de raios X mostrou que o quitosano isolado de gafanhotos tinha a forma cristalina mais elevada. A análise SEM indicou uma estrutura de superfície densa em tecido de néon no quitosano de camarão, gafanhoto e escaravelho e uma superfície dura e rugosa no quitosano de abelha.

Kim *et al*[40] estudaram que o tratamento de extração estava associado à extração química seguinte com um ácido forte e um alcalino. Para a remoção de minerais, foi utilizado 2NHCL, enquanto as soluções de Na OH 1,25N foram utilizadas para a desproteinização. No processo de desacetilação através do qual o quitosano foi purificado, foram utilizadas soluções de Na OH a 50% (W/V) para desintegrar ainda mais as proteínas associadas à estrutura principal.

Os processos simples de conversão de quitina em quitosano são os seguintes

Primeiro - Recolha da amostra em bruto, depois - preparação da amostra - após o que Desmineralização - amostra em pó - depois Desproteinização e descoloração - Quitina bruta para Quitosano foi finalmente convertida por processo de desacetilação.

2.5 utilizações industriais

A quitina e os seus derivados têm uma grande variedade de aplicações nas bio-indústrias. A quitina e o quitosano são utilizados em várias indústrias, como a proteção alimentar, a medicina, os cosméticos, o sistema de administração de medicamentos em farmácia, as formulações de medicamentos, a indústria agrícola, etc. Na agricultura, melhora o rendimento das culturas; tem efeitos diretos na nutrição das plantas e na simulação do seu crescimento. É tóxico para as pragas e os agentes patogénicos das plantas.

É também utilizado na indústria de fertilizantes, na indústria de preparação de vinho, na indústria de bioplásticos e em estações de tratamento de água. Também induz mecanismos naturais de defesa nas plantas. Regulam os estimulantes de crescimento e os elicitores para a produção de metabolitos secundários. Têm efeitos benéficos como fertilizantes do solo, agentes condicionantes, agentes de controlo de doenças das plantas, utilizações em tratamentos de revestimento de sementes e frutos. O quitosano tem uma potente atividade antimicrobiana. Impede a libertação de micotoxinas de agentes patogénicos fúngicos. O quitosano controla as doenças fúngicas em numerosas culturas, especialmente o fuseium e o bolor cinzento. Foi demonstrado que o quitosano controla doenças virais em plantas. Controlam igualmente os agentes patogénicos bacterianos humanos. A toxicidade do quitosano foi demonstrada no principal agente patogénico bacteriano das plantas, *a pseudomonas syringe.* Verificou-se que apresenta uma forte atividade inseticida em algumas pragas vegetais. Tem também aplicações potenciais nas indústrias agrícolas e em algumas outras bio-indústrias.

Conclusão

A quitina de gafanhoto tem muitas aplicações em bio-indústrias no mundo em desenvolvimento. Dá muitas oportunidades e emprego autónomo aos jovens rurais. O gafanhoto é utilizado como ingrediente alimentar em muitas indústrias de rações para animais. A quitina de inseto é uma alternativa à quitina de crustáceo. Tem muitas possibilidades no futuro. Tem muitas aplicações em várias bio-indústrias, tais como indústrias farmacêuticas, indústrias agrícolas, indústrias alimentares, indústrias cosméticas, etc. O processo de extração é fácil. A quitina é utilizada no tratamento de águas e actua como aglutinante de gorduras. É utilizada na indústria vinícola e actua como conservante de alimentos. Também ajuda a fabricar bioplásticos. Actua também como agente de controlo biológico. Tem várias novas aplicações que ainda não foram totalmente exploradas.

Bibliografia

1. Salmoura - C.J. Austin, PR, variabilidade de quitina com espécies e métodos de propriedades camp Biochem, physical. 1981, 69, 283 - 286.

2. Braconnot, H. sobre a natureza dos champignons. Ann chem. phys. 1811, 79,265-304.

3. Hoffman A. How LSD originated. J. psychoactive drugs. 1979, 11,53-60.

4. Hygenbach, D.A; Wertmuller, L; Grof,S. O químico místico: a vida de Albert Huffman e a sua descoberta do LSD. Synergetic press; santa. Fe, NM, USA, 2013.

5. Sashiwa, H; Aiba, sai, chitina e quitosana quimicamente modificadas como biomateriais. Prog polgm sci 2004, 29, 887-908.

6. Candy e killby (1962) estudos sobre a síntese de quitina no gafanhoto do deserto. J. Exp. Bio. 39,129-140.

7. Zeluska. K. (1959) Glycogen and chitin metabolihm during development of the silk worm (bombs mori. L). ata bio exp.varsovie, 19.339-51.

8. zielnska, Z.mond L askcorska. T.(1958) Aminoácidos e amino-hirsina no achado de muda do bicho-da-seda (bombyx mori). Ata bio. Exp. Varsovie, 18, 209-19.

9. Nurul Alyoni zainol, abiding, forideh kormin, nurul khma zainal abiding, nor aini forhah Mohamed anuar e mohd fodzelly abu broker (2020) O potencial dos insectos como fontes alternativas de quitina: uma visão geral sobre o método químico dos extractores de várias fontes Int. J. mol.sci. 21, 4978. Doc: 10.339, IJms 2 JI 4978.

10. Liu. S.Sun, J; yu, L; zhong bi, J; zhu, F; qu, m; Jieng C; jovem, Q; Extração e caraterização da ação da quitina do besouro Holotrichlaq perallela em esquemas , moléculas 2012, 17, 4604-4611.

11. Tolaimate, A; Desbrieres, J; Rha zim; tudo embora a contribuição para a preparação de quitina e quitosens com propriedades físico-químicas controladas polímero 2003,44, 7939-7952.

12. Andrew. C.A; Nan, A.C; Tai, B.C. quitina - Um material biológico promissor para engenharia de tecidos e tecnologia de células-tronco, Birtechnel. Adv 2013,31, 1776-1785.

13. Jayakumar. R; prabeharan, m; nair, S.V; temura H; Novel chitin and chitosan new of ibers in biomedical applications. Bitotech Adv.2010,28,142-180

14. Pilai. K.S; paul, N. Sharma, C.P. chitin and Chitosan polymers; chemistry, solubility and fibre formation prog. Sci.2009. 34,641678.

15. Robert, G.A. chitin chemistry, merci mill in press Ltd: London. REINO UNIDO, 1992.

16. Muzzarelli, R.A. chitin manufacture in living organism. In chitin formation and iagenesis; Gupta N; Ed, spingerr; Dordrecht, the nether land, 2011, pp:1-34.

17. Domard, A; Rinaudo.m; preparação e caraterização de quitina totalmente desacetilada. Int. J. Bio. Maicromal. 1903,5,49,52.

18. Zhang, M; haga, A; sekiguchi ; H; Hirano, S. structure of Insect. Chitin isolado de

cutícula de besouro lorva e exúvia pura de bicho da seda (Bombay x mori). Int. J.Biol.macromol 2000.40,99105.

19. shah, p; Jogan, v; Mishra, P; misshra, A.K,Bag chit, misra, A. modulation of gancioclair interinal absorption in presence of absorption in presence of absorption entancies, J. pharm. Sci.2007, 96,2710-2722.

20. Mezzana, P, eficácia química de um novo gel à base de nofibriais de quitina no heaving mundial Ata chir. Plast 2009, 50,81-84.

21. Morganti, P. chitin - non ofibrils inskin treatment J.Appl colmetrol 2009,27,251-270.

22. Francis, R.S; prest wich, G.D; Hunt , G. system and method of delivering a hyaluronic acid composition and a copper composition for treatment of dermatologic conditons. Patente 2015, 031, 304, 4 de junho de 2015.

23. Majeti, N.V. kumar, R. Areview of chitinsan explications. React.kinct. polym 2000, 46,1-27.

24. puvvadad, y.s; venkayalapatis; sukhavas s. extração de quitina de Chitosan do exoesqueleto de camarão para aplicação na indústria farmacêutica. Int. curl from J. 2012, 1, 258263

25. Scipper. N. G.M; varum, K.M, Artursson, P, chitosens as ebsorption entancies for poorly absorbable drugs Influence of mole culer weight and degree of deacetyation on drug transport across human intestinal epithelial (cacune) cells, pharm Res.1996, 13,1686-1692.

26. Trapani, A; Lopedota, A, Fran co, m, cioffi, N; Leva, E; Garcia Furentes, m; Alonso, m.J. A. estudo comparativo de quitosano e quitosano:/cycb dextrina nonoparties es potenciais carrega para be ural entrega de propriedades , Eur. S.phorm Biologogy 2010, 75,2632.

27. Ohta, K; Tanguchi; A, konishi, N; Hosok, T. O tratamento com quitosana afecta o crescimento das plantas e a qualidade das flores em Eustoma grand flowum 1999, 34, 233-234.s

28. schipper N.G.M, ohsson, S; Hoogst. J.A; de Boer , A.G; verum, K.M: Artureson. P. chitosan as absorption enhancers for poorly absorbable drug. 2. Mechaniom febsorption enforcement, pharm Res. 1997, 14-923-929.

29. T2 owma ki, m-v; m oschakis , T; scholten, E; Biliaderis, c,h. Digestão lipídica invitro de o\w emlsinl estabilizado com nanoicristais de quitina. Fundo alimentar 2013, 4, 121-129.

30. Knorr, D. Functional properties of chitin and chitosan J. Food Sci. 1982, 47, 595 Tzourk m.v; noscha kis, T; kisseoglon, v. Biliaderis, C.H. oil-in-water emulsions stabilized by chitin nano crystal particles. Food Hydrcell 2011, 25, 1521-1529.

31. Cho y. n; cho, y. N. chung, S.H; yoo, G; ko, S-w water solve chitin are would heading celebration Biomaterials. 1999, 20, 2139-2145.s

32. Zia, k.m; z uber, M, Rhatti, I.A, barikoni, M, sheikh, M.A. avaliação da bio-

compatibilidade e do comportamento mecânico de elastómeros de poli-queros com base em misturas de diol de quitina 1, 4- butona. Int J. Biol. Mecromal 2009, 44; 18-22.

33. park. P.k, kim, m.m. Applications of chitin and its derivations in biological medicine, Int. J. mal. Sc 2010; 11,5151-5164.s

34. Manni, L; Ghorbel-bollajo; jellowli; k; vunes I nasri, m. Extração e caraterização de quitina, quitosana e rolysets proteicos preparados a partir de resíduos de camarão por tratamento com protrease bruta de Bacillus cereus Svl, Appl. Biociem. Biotechnel 2010; 162, 345-557.

35. younes , I, Hejji, S; Franchet, v, Rinadom; Jellauss k; Nasri, M. chitin extraction from shrimp well using enzhmatic treatment, Antitum.r, antioxidonent and antimocrobrol activities of chitosan Int. J. Biol. Macromol 2014; 69, 480-498.

36. Majtan, J; Bilikova, k; markovic, o; hraf j, koyan; smith j. Isolamento e caraterização de quitina de abelha (Bombus teretois) Int. J. Biol. Macromal 2007,40,237-241.

37. kaya m; Baron, T; karashan m. Um novo método para a extração rápida de quitina de raspas de caranguejo, lagostim e camarão Nat. prod Res. 2015, 29, 1477-1400.

38. Abdou , E.S, Nagy, K.S.A; Ilabea M.Z. Extração e caraterização de quitina e quitosano de fontes locais, Bioreser. Tech. 2008, 99, 1359-1367.

39. Russell. G. Sharp Areview das aplicações da quitina e seus derivados na Agricultura para modificar as interações planta-microbal e melhorar os rendimentos das culturas Agronomia 2013, 3(4), 757793.

40. kim. H.J., F; wang, X; Rajapathy , N.C. Effect on chitosan on the biological properties of sweet basic (ocimum basilicum. L.) J. Agric food chem 2005, 53, 3696-3701.

41. Fitter. A.H; moyersen, B. Evolutionory trends in root microbe symbioles philosophical philos trans R. Soc: B. 1996, 351, 1367-1375.

42. Abdel Fattah , G.M; mohamedin, A.H. Interações entre um furgus womus intradices vasicular-arbuscular my corrhizal e Streptomyces exlicolor e os seus efeitos em plantas de sorgo cultivadas em solo alterado com quitina de brawn shalls biel fertile srils 200, B2, 401-409.

43. Gow-N.A.R, Gooday, G.w. Ultra strutura da quitina em hifas de candida albicions e outros fungos dimórficos e miceliais. Protoplotra ,983, 115,52-58.

44. Bueter, C.L; specht, C.A; Levit 2.5. m Sensoriamento inato de quitina e quitosana. PLos pethog , 2013, 9, el 0033080.

45. Pillei C.K.S; pawl W, sharma, c.p. chitin and chitosan polymers chemistry, solmbility, and fiber formation prog, polym sci.2009, 34, 641-678.

46. Muzzerell , R.A. A. chitin; Rergemon press, oxford , U.C.1977.

47. Bobelelmann, F; Roman, P, Febrifrul , A; Raba, D, Epple , M. A composição do

exoesqueleto de dois crustáceos: A lagosta americana Homonus emericanus e o caranguejo comestível Cancer pagurus the ruochin Ata , 2007, 463, 65-68.

48. Ramirez, M.A; Rodriguez, A.T; fonso; L; Renishe, C. chitin e seus derivados como biopolímeros com potenciais aplicações agrícolas. Biotechnol Apl. 2010, 27, 270-276.

49. Laeflamme , P; Benhaman, N; Bussieres . G; Desveaul Efeito diferencial do quitosano na podridão radicular. M. em viveiros florestais cen. J. Bot. 1999, 77, 1460-1468.

50. Bell. A.A; Hubbard, J.C; Liu. L; Davis, R.M; subbarao, K.V. Efeitos da quitina e quitosana na incidência e severidade do Fuserium yellow na planta de aipo Dis. 1998, 82, 322-308.

51. Aziz. A; trotel- Aziz, P; Dhuicq L; Jeandet, P; conderchet, M; vernet, G. oligoneros de quitosano e shlphate de cobre induzem reacções de defesa da videira e resistência ao bolor cinzento e ao dowomilbw phytopoly 2006, 96, 1188-1194.

52. El Hadraw; A; Adom, L.R; El Hadraw , I; Daayff. Chitosan inplant protection mar. Drugs 2010, 8, 968-987.

53. Suderstan , N.R; Hoover, D.A; knorr, D. Antibacterial action of chitosan Food Biotechnei 1992; 6, 257-2

54. Kendra, D.F; Hadwiger, L.A. Caracterização do oligómero de quitosano mais pequeno que é maximamente antifúngico para fusarium soloni e elicia a formação de pisatina em pisum sativum. Exp. Mycel. 1984, 8, 276-281.

55. sekigu chi, S; miura, y; kaneko, H; Nishimura, S.I.; Nishi; N; Iwase , M; Tokwra S, dependência do peso molecular da atividade antimicrobiana por oligómeros de quitosano. In food Hydrocolloides; Nustres properties functions, Nishinari, K; Doi, E, Eds; plenum Newyork , Ny, USA, 1994; pp.71-76.

56. Rabea , E.I; El Bodawy M.T; Stvens cv; smagghe, G; stewrbaut, w, chitosan as antimicrobial agent : Aplicações e modo de ação Biomacromole cules, 2003, 4, 1457-1465.

57. Ben - shalom, N; Ardi, R, pint, R; Aki, C, Relli K.E, controlling gray mould caused by Botyrtis cinerea in circumber plants by means of chitosan , crop prot, 2003,22, 285-290.

58. yu, J; zhao, x; Aan x; Du, y. Antifungal activity of oligo chitosan against phytophthora capasici and other plant pathogen fungi invitro pestic Bio chem physical 2007, 87, 220228.

59. Muzzendli , R.A.A; Tarsi, R; Fillippini o; Gioveneff E; Biogini, G; varaldo, P.E. Antimicrobial proparties of N- carboxy butyl chitosan Antimicrob Agents chemother, 1990, 34, 2019-2023.

60. Jna, Z; sen , D; xu, N. síntese e actividades antibacterianas de sal de amónio quaternário de carbotydr quitosano. Res. 2001, 333,1-6.

61. Kulikov, S.N; chirkov, S.N; Ilina , Av, Lopatin, S.A; varlamov, v.p. efeito do peso molecular do quitosano na sua atividade antiviral em plantas, priki. Biokhim mikrobiol

2006, 42, 224-228.

62. Ferranke, p; scortichini, m, caraterísticas moleculares e fenotípicas de pseudomonas syringe. Pv actinidiee isolado durante epidemias recentes de cancro bacteriano em kiwlifrwt amarelo cActinids chinernsis) no centro de Itely, plant pathol 2010,59,954962.

63. Rabea E.I, El. Bodawy , M.T, Rogge, T.M; stevens, C.v; Hofte, M; stewrbaut, w; straggle, G. Insecticidal and furgicidal activity of new synthesized chitosan derivatives rest money sci. 2005, 61, 951-960.

64. Badawy, M.E.I, El Asuad, A.E. Atividade inseticida de quitosens de diferentes pesos moleculares e complexos de quitosana-metal contra o verme da folha do café spodoptera ;littorelis e o pulgão olender Aphis nerii plant prot sci. 2012, 48, 131-141.

Capítulo 3

Aplicações bio-industriais

A farinha de alfarroba do deserto é utilizada como componente de muitos produtos bio-industriais. Também é utilizada para desenvolver novos produtos comerciais. Neste capítulo, discutiu-se principalmente a ideia básica para desenvolver novos produtos industriais em pequena escala, com base na invasão bruta do funil. Aqui, como zoólogo, partilho os meus pontos de vista sobre o desenvolvimento de novos produtos com base nos componentes do gafanhoto do deserto. Estas ideias são 90% possíveis na prática. Este é o primeiro passo. O segundo passo é baseado no método de tentativa e erro, os procedimentos serão desenvolvidos. O terceiro passo é a otimização dos procedimentos desenvolvidos e, finalmente, o produto claro será desenvolvido com base na metodologia clara e estes serão comercializados e, em seguida, será desenvolvido um novo negócio.

Os gafanhotos do deserto estão disponíveis em grande quantidade numa determinada estação do ano. Esta é utilizada como matéria-prima para desenvolver novas ideias de produtos industriais em pequena escala para os jovens rurais. Com base nos nossos conhecimentos, possibilidades práticas, experiências de tentativa e erro, partilho os meus pontos de vista e ideias sobre as aplicações bioindustriais dos gafanhotos do deserto.

É utilizado principalmente para desenvolver novos produtos, tais como biogás, biolubrificante, pigmentos de cor biológica, biogás, biocombustível, materiais de polimento, energia proteica, aglutinante de ração aquática, atrativo de ração, bioestrume, vermicomposto, biscoitos, chocolates, etc. Também é útil para a cultura de levedura probiótica, cultura fraca de pato, etc. Contém mais quitina com base na extração; será utilizada em indústrias medicinais. O produto de quitina foi debatido pormenorizadamente no capítulo anterior. O último capítulo trata principalmente das aplicações industriais dos gafanhotos do deserto na alimentação animal.

No domínio da ciência e da tecnologia, a conversão de um produto noutro produto é a principal ajuda. Com base neste facto, convertemos o produto disponível do gafanhoto do deserto em vários produtos úteis. Isto baseia-se em ideias e experiências teóricas e práticas. Assim, a normalização é um passo importante para desenvolver novos produtos industriais e ideias a partir de gafanhotos do deserto. Com base na ideologia científica, tenta-se transmitir o desenvolvimento de produtos úteis à nossa sociedade. Os vários produtos são discutidos um a um.

3.1. Prebióticos

A farinha de alfarroba contém mais proteínas; as proteínas de alfarroba são também boas fontes para a cultura de leveduras. Apoia a vida das leveduras, pelo que é considerada um prebiótico. A levedura é um dos probióticos mais importantes. Trata-se de um fungo unicelular. Tem muitas aplicações industriais, tais como a utilização na produção de álcool de fermentação, na indústria de panificação, na indústria alimentar, na indústria de alimentos para animais, etc. É uma boa ferramenta de laboratório. É adequado para muitas experiências de biologia molecular em laboratório. Actua como imunoestimulante e conservante alimentar, as toxinas dos produtos de levedura matam as bactérias patogénicas e os fungos Candida. Estas propriedades antimicrobianas ajudam a atuar como conservantes de alimentos.

Os nossos ensaios laboratoriais provam que o extrato bruto de gafanhoto aumenta a taxa de crescimento da levedura em comparação com alguns outros extractos de insectos, tais como extractos de aranhas, térmitas e insectos de pau. Assim, a farinha de gafanhoto é uma fonte adequada para aumentar a produção de levedura. A farinha de levedura é utilizada como suplemento proteico na indústria de alimentação animal.

Estes insectos em pó ajudam a aumentar a produção de biomassa da levedura. Assim, ajuda a reduzir o custo de produção de alimentos para animais e aumenta o lucro. A farinha de alfarroba é um produto natural e também amigo do ambiente.

3.2. Erva-de-pato e Azolla. A erva daninha de pato é uma erva daninha de água doce, que está disponível em todos os lagos de água doce na estação das chuvas. Cresce muito rapidamente e multiplica-se em cada seis dias. Cresce em massas de água ricas em matéria orgânica. Crescerá muito rapidamente em massas de água residuais ricas em estrume animal. Em qualquer forma de agricultura animal, as massas de água residuais contêm mais erva daninha de pato. A farinha de alfarroba é a melhor fonte de matéria orgânica que é adequada para cultivar a erva-de-pato.

A erva daninha de pato é utilizada em medicamentos, na alimentação de animais domésticos e em várias aplicações industriais de pequena escala no mundo rural. No nosso ensaio de laboratório, a água misturada com estrume de vaca suporta muito bem o seu crescimento em comparação com a água normal. A farinha de alfarroba é um material orgânico que, se for misturado com água normal, pode ajudar a aumentar o crescimento da erva-de-pato. Pode ser utilizada como fonte de material para a cultura da erva-dos-patos.

As ervas daninhas de pato são utilizadas como alimento para animais domésticos. Se for utilizada como matéria-prima para a cultura da erva-de-pato, pode reduzir o custo da alimentação dos animais domésticos e o custo da produção de bioestrume nas zonas rurais. Alguns medicamentos são preparados a partir da erva dos patos. Os patos alimentam-se naturalmente desta planta, pelo que é útil na forma de pato para reduzir os custos de alimentação e aumentar a produção de carne e de ovos.

A Azolla é um feto aquático. É tradicionalmente utilizada como um bom biomanual no Sudeste Asiático. Na China e no Vietname, é habitualmente utilizada como fertilizante nos arrozais. Reduz 40% do custo dos fertilizantes para os agricultores. É amigo do ambiente, enriquece os nitratos no solo. Prepara os nitratos a partir do azoto atmosférico. É um bom biofertilizante e alimento suplementar para peixes, aves e gado. Cresce em todo o lado, mesmo em águas residuais. Assim, a produção de Azolla ajuda a gerir o sistema de águas residuais. Se utilizarmos esta farinha de inseto como nutriente suplementar para aumentar a produção de Azolla, a farinha de gafanhoto pode ser utilizada como matéria-prima para aumentar a produção de Azolla.

3.3. Cola biológica

A produção de cola é uma indústria de pequena escala. É principalmente utilizada na indústria de impressão de livros. A cola é utilizada principalmente para colar papéis de parede, fixar livros e materiais de papel. Para a produção de cola, a farinha de alfarroba pode ser utilizada como material de origem ou misturada com outros ingredientes de origem de cola, o que será mais barato e ajudará a produzir mais material de cola com o menor custo. Esta ideologia baseia-se apenas num procedimento de tentativa e erro, a bio-cola é também amiga do ambiente e adequada para os industriais de pequena escala nas zonas rurais.

3.4. Bio-lubrificante

Atualmente, os transportes aumentaram devido à explosão demográfica. Estas máquinas necessitam de lubrificante para reduzir o atrito. É uma fonte natural de carbono; a farinha de gafanhoto é uma das fontes de carbono mais baratas que ajudará a preparar o bio-lubrificante. É um produto natural, amigo do ambiente. Aumenta o autoemprego rural e também a economia rural.

Esta preparação bio-lubrificante é padronizada por tentativa e erro. Depois de otimizar o procedimento, utilizá-lo-emos e obteremos mais benefícios. A farinha de alfarroba mistura-se com outros componentes que ajudarão a preparar o lubrificante, supondo que se pode misturar com óleo de rícino viscoso, pode ser adequado para usar como bio-lubrificante. Nas zonas rurais, as pessoas preparam um bio-lubrificante caseiro se utilizarem óleo vegetal viscoso com qualquer um dos materiais naturais de carbono inflamado e se misturarem bem, utilizam-no como bio-lubrificante para pequenas rodas e outros pequenos instrumentos utilizados em casa.

A farinha de alfarroba tem matérias-primas orgânicas à base de carbono, pode misturar-se com óleo vegetal adequado e produzir um novo lubrificante. Com base no método de tentativa e erro, a farinha de alfarroba pode misturar-se com materiais gordurosos, podendo desenvolver um novo lubrificante. Reduz o custo de produção e é natural e amigo do ambiente.

3.5. Corantes alimentares Os corantes de desenho são preparados a partir de vários produtos químicos. Os pigmentos de cor estão naturalmente presentes em todo o lado. Alguns pigmentos de cor estão presentes no gafanhoto. Pode ser utilizado para produzir cores ou parte das fontes em preparações corantes. Pode aumentar a capacidade de ligação dos corantes. O pó de alfarroba pode atuar como aglutinante. As cores necessitam de substâncias aglutinantes para se fixarem às superfícies. Pode também ser utilizado como aglutinante de corantes.

O isolamento e a purificação destes pigmentos de cor necessitam de alguns procedimentos padronizados. Estes pigmentos naturais podem ser utilizados na preparação de tintas de cor e na preparação de pó de cor que pode ser utilizado como material de origem de cores. Estes pigmentos podem ser utilizados em tintas de desenho para crianças, cores para brinquedos, indústria de panificação para fazer bolos coloridos, para corantes alimentares na indústria alimentar. Por vezes, podem ser utilizados em corantes para vestidos, etc. Posso desenvolver uma nova bio-indústria na zona rural e proporcionar emprego autónomo aos jovens da zona rural.

3.6. Biogás
A produção de biogás é adequada à vida rural, porque vários

recursos naturais estão facilmente disponíveis nas zonas rurais. Ajuda a gerir as necessidades domésticas e também é utilizado em veículos. Normalmente, nas zonas rurais, o biogás-metano é produzido a partir de materiais à base de estrume de vaca; se for misturado com estrume de vaca e outros materiais orgânicos, ajudará a produzir biogás. A farinha de gafanhoto é um material alternativo para a produção de biogás, uma vez que se trata de material puramente orgânico.

O biogás é produzido pela fermentação de estrume de vaca com materiais orgânicos, sendo o gafanhoto um material puramente orgânico, durante a decomposição, e induz o crescimento de microrganismos. A ação microbiana aumenta a produção de biogás. A mistura de farinha de alfarroba com estrume de vaca, em reacções sinergéticas, pode produzir mais biogás. As pequenas instalações de produção de biogás ajudam as famílias nucleares a reduzir o custo do combustível e podem funcionar como uma boa fonte natural de produção de biogás.

3.7. materiais de polimento

Na Índia, antigamente, o álbum de ovos era utilizado para polir paredes à base de cálcio durante a construção. O album de ovo é uma proteína animal pura. A farinha de alfarroba é uma proteína animal. Assim, pode ser utilizada para preparar material de polimento para polir paredes, produtos de couro e outros materiais. Por isso, pode ser utilizada como material de base para trabalhos de polimento.

3.8. Biocombustível

Os resíduos da cana-de-açúcar são utilizados como matéria-prima para a produção de etanol. Este bioetanol é utilizado como um bom combustível para automóveis, todos os tipos de veículos e até mesmo casas. Os nossos ensaios laboratoriais provam que a farinha de alfarroba induz a produção de biomassa de levedura. Melhora o processo de fermentação. Por isso, é útil para produzir etanol biocombustível. A farinha de gafanhoto mistura-se com as fontes naturais de nutrientes da levedura, como os resíduos de açúcar e outros materiais, aumentando a produção de biomassa da levedura e a fermentação, o que leva à produção de mais etanol. O custo de produção pode ser reduzido. Este biocombustível é facilmente produzido por industriais de pequena escala com instalações limitadas. Produz mais biocombustível, que será vendido a outros. Aumenta a economia rural. De alguma forma, podemos preparar blocos de combustível sólidos, utilizando farinha de alfarroba misturada com outros materiais naturais. Pode aumentar a eficiência dos blocos de combustível, o que será útil para a população rural. Não pode produzir coisas nocivas durante a queima porque é um produto natural, o conteúdo de resíduos pode ser utilizado como fertilizante para plantas de jardim.

3.9. Chocolates

A farinha de insectos é misturada com coco e outros ingredientes e depois preparada para chocolates. É uma fonte rica em proteínas. Por isso, utilizá-la-emos como proteína suplementar para a população humana em crescimento. Se adicionarmos vários sabores, pode ser útil preparar vários tipos de chocolates, doces e bolos. Para que esta preparação seja bem sucedida, é necessário um mestre pasteleiro ou cozinheiro com ideias e conselhos. Estes podem desenvolver novos produtos alimentares. A nossa população precisa de mais proteínas para crescer e sobreviver. Para isso, é necessário utilizar uma nova proteína suplementar.

3.10. Biscoitos de alfarroba

As fontes de proteínas da farinha de alfarroba podem ser utilizadas para produzir bolachas. Se introduzirmos biscoitos de farinha de alfarroba no mercado, é muito útil para os agricultores e também para os consumidores. Porque é uma fonte de proteínas muito barata. O método de preparação é precoce. Assim, as indústrias caseiras de pequena escala podem tentar produzir facilmente estas bolachas de alfarroba e obter mais lucros. Estas refeições de alfarroba estão disponíveis na universidade e têm um custo de produção muito baixo. Se lhes forem adicionados vários sabores naturais, podem ser desenvolvidos vários tipos de biscoitos.

3.11. Batatas fritas masala.

Após a remoção das partes duras do gafanhoto, este é misturado com masala ou especiarias em pó com farinhas adequadas e depois frito em óleo alimentar. Agora torna-se uma boa carne frita sem ossos. Tem um alto teor nutritivo com um custo mínimo. É útil para preparar sopa e também é bom para a população em crescimento, porque tem mais proteínas. Se consultar um cozinheiro experiente, terá mais ideias para preparar vários alimentos à base de gafanhotos para consumo humano.

3.12. Composto de Vermi

O composto Vermi é uma boa fonte de biofertilizante natural e amigo do ambiente. É adequado para indústrias caseiras e de pequena escala. A farinha de alfarroba é uma boa fonte de matéria orgânica para os materiais de origem do composto de

Vermi, pois aumenta o crescimento das minhocas. Reduz o custo de produção do composto Vermi e aumenta o lucro dos agricultores.

A terra aquecida alimenta-se principalmente de materiais orgânicos degradados. A farinha de alfarroba misturada com estrume de vaca e outros materiais favorece o crescimento de microorganismos. Esta condição é adequada para a alimentação e crescimento das minhocas. Estas condições favoráveis também são adequadas para produzir mais composto de vermi, pelo que estas farinhas de gafanhoto ajudam a produzir mais composto de vermi. Trata-se de material puramente orgânico e também de material natural amigo do ambiente.

A farinha de alfarroba pode aumentar a quantidade de composto vermi durante a mistura com estrume de vaca e outros materiais orgânicos. Aumentará a taxa de produção de composto de vermi durante um curto período de tempo. Esta é a melhor fonte de material disponível naturalmente e sem custos. Com base no método de tentativa e erro, será descoberto o nível ótimo de farinha de alfarroba para misturar com outras fontes de composto orgânico de vermi.

As minhocas da terra são utilizadas como alimento vivo para peixes e aves de capoeira. Trata-se de um bom alimento natural suplementar. Os biofertilizantes de composto de vermi são amigos do ambiente e fáceis de produzir por todos os pequenos agricultores, utilizando farinha de alfarroba disponível localmente e outros materiais de origem nas zonas rurais.

3.13.Cultura de cogumelos

No norte da Índia, nalguns locais, o composto de vermi é utilizado como matéria-prima para a cultura de cogumelos. A farinha de alfarroba pode ser utilizada diretamente ou pode ser misturada com composto de vermi e utilizada para a cultura de cogumelos. Pode aumentar a produção de composto de vermi. O composto de vermi é utilizado como matéria-prima para a produção de cogumelos. A cultura de cogumelos dá oportunidade de autoemprego à população rural. Esta farinha de alfarroba é amiga do ambiente e também reduz o custo de produção.

No nosso laboratório, os ensaios provam que os extractos de fungo de gramíneas aumentam a produção de biomassa de leveduras - as leveduras e os cogumelos pertencem ao grupo dos fungos. Assim, esta farinha de gafanhoto pode atuar como fonte de material para a cultura de fungos, em comparação com alguns outros extractos de insectos, os extractos de funil de erva induzem uma maior multiplicação de células de levedura. Este fenómeno pode funcionar na produção de biomassa de cogumelos. Por vezes, a mistura com outro material de origem pode melhorar o seu desempenho. As experiências baseadas na tentativa e erro são necessárias para normalizar o procedimento de cultura de cogumelos utilizando farinha de alfarroba.

Atualmente, os produtos alimentares à base de cogumelos são famosos nas cidades. A sua comercialização é fácil porque é acessível, tem um elevado valor proteico e é fácil de cozinhar com vários alimentos saborosos. A indústria da cultura de cogumelos é famosa na extensão da cidade e nas zonas rurais porque necessita de locais muito pequenos com menos trabalho e investimento. É adequada para trabalho a tempo parcial e também para mulheres e população idosa. A farinha de alfarroba pode reduzir o custo de produção e também apoiará o crescimento desta indústria.

3.14.Bioestrume

Os bio-manjetos são tradicionalmente utilizados na prática agrícola nos países em desenvolvimento. O bioestrume contém muitos nutrientes orgânicos que ajudarão as nossas culturas. A farinha de alfarroba também contém muitos nutrientes orgânicos. Assim, actuará como bioestrume e ajudará a melhorar a qualidade do solo. Se for misturada com outros biomateriais, aumentará a qualidade do bioestrume, uma vez que este bio material actuará como nutriente básico para o crescimento de microrganismos benéficos.

A quantidade enriquecida de microrganismos benéficos melhora a qualidade do solo. Durante a decomposição, a farinha de alfarroba ajuda a aumentar o crescimento de muitos microrganismos benéficos. Durante as aplicações de fertilizantes artificiais, o crescimento dos microrganismos é destruído. A fertilidade e a saúde do solo serão completamente destruídas. Para salvar a nossa mãe terra, a farinha de gafanhoto é utilizada como ingrediente de bio estrume. Isto produzirá impactos altamente eficazes com o menor custo e aumentará o lucro dos agricultores rurais.

O bioestrume orgânico é natural, amigo do ambiente, economicamente barato e os agricultores podem desenvolvê-lo facilmente em qualquer lugar. Podem desenvolver os seus próprios biofertilizantes a baixo custo com base nos materiais orgânicos disponíveis. Reduz o custo de produção e aumenta o valor dos materiais alimentares orgânicos.

A farinha de gafanhoto é uma das boas fontes para desenvolver fertilizante orgânico. Se for colocada em terrenos agrícolas durante muito tempo, decompor-se-á completamente e aumentará a fertilidade do solo. Estes insectos mortos serão misturados com estrume de vaca e outro estrume orgânico, decompor-se-ão rapidamente, devido à presença de mais micróbios e tornar-se-ão estrume orgânico. Não causará qualquer dano à nossa mãe natureza.

3.15.Aglutinante para rações **em pellets** Os aglutinantes para rações aquáticas e para rações em pellets são importantes componentes não nutritivos que retêm os nutrientes e ajudam a evitar a lixiviação de nutrientes na água. São maioritariamente derivados de materiais de origem animal e vegetal. São sobretudo proteínas e hidratos de carbono. Mantém sempre a estabilidade dos alimentos na água. Após a introdução do alimento, o processo de lixiviação começa lentamente. Para evitar esta lixiviação de nutrientes, são adicionados aglutinantes ao alimento em pellets.

Os maus aglutinantes produzem má qualidade da água e estabilidade nos alimentos para animais. Causa resíduos de ração e poluição da água. Por último, provoca doenças nos animais. A estabilidade é um fator importante que retém todos os nutrientes essenciais nos alimentos até à ingestão pelos peixes cultiváveis. Nos nossos ensaios laboratoriais anteriores, os músculos de minhoca, os músculos de peixe e os intestinos de galinha são utilizados como aglutinantes de ração em rações convencionais. Agora, a farinha de alfarroba actua como aglutinante e também será utilizada como ingrediente de fonte de proteínas. Assim, é possível aumentar a estabilidade da fonte de alimentação. A farinha de alfarroba é uma proteína animal, pode ser utilizada diretamente ou adicionada a outros compostos e depois utilizada como aglutinante em alimentos para animais em pellets.

3.16. Atractores de alimentos para animais

Os atractivos alimentares aumentam o consumo de ração em pellets e aumentam o valor dos alimentos. Os atractivos alimentares naturais proporcionam um maior crescimento sem efeitos secundários. A farinha de gafanhoto tem mais proteínas, pelo que será utilizada como ingrediente alimentar e atrativo alimentar para muitos alimentos para animais domésticos, especialmente rações para galinhas, patos e peixes. Os patos são naturalmente insectívoros, comem 200 insectos por dia. Por isso, será utilizado como atrativo na alimentação dos patos. As galinhas comem diariamente 75 insectos por dia. Por isso, será utilizado como atrativo para as galinhas e

Os peixes insectívoros, carnívoros e omnívoros são atraídos pelo cheiro das proteínas animais. Os peixes insectívoros, carnívoros e omnívoros são atraídos pelo cheiro das proteínas animais, pelo que também são utilizados como atractivos para estes alimentos. Os peixes-gato gostam muito do cheiro de animais mortos como atrativo de certos alimentos para peixes. Por isso, pode funcionar como um bom atrativo para muitos alimentos para animais domésticos. É também um produto natural, amigo do ambiente, de baixo custo, universalmente disponível, pelo que o custo de alimentação (ou seja, o custo de produção) pode ser reduzido.

3.17. Proteína em pó

A farinha de alfarroba é uma boa fonte de proteínas. É principalmente utilizada na indústria de alimentos para animais. Normalmente, o custo da alimentação representa 70% do custo total de todas as operações de cultura. Se o custo de produção da ração for reduzido, o lucro dos agricultores aumentará. É um bom ingrediente em vários alimentos para animais domésticos, como peixes, camarões, aves de capoeira, gado, cães, animais de estimação, etc. Os suplementos proteicos são necessários para o crescimento de todos os animais de quinta. Durante a preparação da farinha de gafanhotos, primeiro os gafanhotos são recolhidos, secos, depois esmagados e, com a ajuda de instrumentos de mistura, todas as partes duras são removidas. Finalmente, a farinha em pó é recolhida e utilizada como ingrediente em todos os tipos de alimentos para animais. Estas são discutidas em pormenor no próximo capítulo.

3.18. Quitina de inseto

A quitina é o segundo maior polissacárido disponível no mundo biológico. É principalmente utilizada na indústria medicinal e agrícola. As quitinas de animais marinhos são normalmente utilizadas na indústria. Os fungos possuem quitina, que é designada por quitina vegetal. Estes são também recolhidos e comercializados por empresas chinesas. Trata-se de uma alternativa às fontes de quitina marinha. Trata-se de um produto à base de plantas, pelo que é marcado com o nome de quitina vegetal. A quitina de inseto é outra fonte importante de quitina, que não está totalmente exposta. Por isso, as fontes de quitina de insectos são muito abundantes. A quitina de gafanhoto tem um mercado muito bom nas indústrias farmacêutica e cosmética. Os pormenores sobre a quitina de insectos e o quitosano serão abordados no capítulo anterior.

3.19. Limpador de pavimentos

Este produto de limpeza de pavimentos é diferente de outros produtos de limpeza de pavimentos, porque contém apenas produtos naturais. Trata-se de um produto amigo do ambiente. Quando limpamos o nosso chão com o limpador de chão misturado com quitosana de insectos, mata os micróbios. O neem e a quitosana de insectos também são fervidos em água. Em seguida, adicionar 10ml de extrato de neem no frasco cónico. Adicionar 2gm de quitosano de insectos. Adiciona-se 1 colher de bicarbonato de sódio, 2 campânulas. Mistura-se 1 colher de curcuma e água de rosas com o extrato. Por fim, mistura-se 1 colher de limão. Agora o produto está pronto a ser utilizado. O neem e a curcuma são os melhores agentes antibióticos. Previne contra doenças microbianas. O inseto quitosano é um agente de limpeza microbiano, bacteriano e comedor; a água de rosas é um agente de frescura. O limão é um ácido cítrico utilizado para remover as manchas. O bicarbonato de sódio elimina os micróbios. Camper é puramente

limpar o chão. O bicarbonato de sódio e o sal cristalino também são utilizados para sugar a carga microbiana.

3.20. Limpador de sanitas

O limpador de sanitas é um componente importante da casa de banho em todo o lado. Na manutenção da limpeza da casa de banho, um passo importante no processo de limpeza. O

detergente de casa de banho à base de quitosana de insectos é de baixo custo. Nesta preparação do produto de limpeza para casa de banho, primeiro tomar 50 ml e depois misturar com 25 ml de vinagre branco, 25 g de bicarbonato de sódio e uma colher de quitosana bem misturados. Agora, o produto de limpeza para sanitas está pronto para ser utilizado. Na solução, o vinagre ajuda a limpar partículas de pó e materiais de pó no queimador. O extrato de quitosana de insectos e a soda cáustica apoiam esta função e removem as coisas indesejadas e as partículas sujas da casa de banho. Actua como um excelente produto de limpeza. É um produto natural e ecológico de baixo custo. A mistura de quitosano de inseto contém uma atividade antimicrobiana muito boa. Por isso, reduz a
carga patogénica na sanita. É um produto natural. Não tem efeitos secundários.

3.21.Limpador de legumes Os legumes são normalmente vendidos no mercado livre, já que contêm pesticidas na pele e os legumes são vendidos à beira da estrada. Aqui, muitas partículas de pó e vários micróbios patogénicos podem depositar-se na pele dos legumes. Por isso, criam doenças nos seres humanos. Para limpar estes micróbios indesejáveis e pesticidas, desenvolvemos um produto de limpeza de vegetais orgânico natural com uma mistura de quitosano de inseto, e também primeiro tomamos 10 ml de sumo de limão misturado com 50 ml de quitosano de inseto, misturamos com 10 ml de vinagre branco, depois misturamos bem e adicionamos 15 ml de extrato de flores para um cheiro e cor agradáveis. Agora o produto de limpeza vegetal está pronto a ser utilizado. O ácido cítrico do limão limpa o pó e os pesticidas indesejados e a pele dos vegetais. O vinagre também contribui para a atividade de limpeza. A quitina dos insectos tem atividade antimicrobiana. Assim, remove os micróbios patogénicos e a pele dos vegetais.

3.22. Limpador do queimador do fogão a gás

O limpador de queimador de fogão a gás é um componente importante da cozinha em todo o lado. Na manutenção do queimador, um passo importante é o processo de limpeza. Para a limpeza do queimador, desenvolvemos. Limpador de queimador à base de quitosana de inseto com baixo custo. Para a preparação deste produto de limpeza para queimadores, primeiro, 15 g de quitosana de insectos são misturados com 25 ml de vinagre branco e 5 ml de sabão. Adicionar 10 gotas de óleo de neem e 15 ml de extrato de flores para obter um bom cheiro e cor. Agora, o produto de limpeza para queimadores está pronto a ser utilizado. Nesta solução, o vinagre ajuda a limpar as partículas de poeira e os materiais de poeira no queimador. O óleo de neem apoia esta função e remove as coisas indesejadas em todo o queimador.

3.23. Limpador de azulejos

Os azulejos podem conter poeira com agentes patogénicos, a mosca doméstica e a barata espalham agentes patogénicos humanos ao caminhar sobre os azulejos. Para eliminar estas coisas, desenvolve-se um novo produto de limpeza de azulejos à base de quitosano. Durante a preparação, primeiro tomar 50 gm de extrato de quitosano, em seguida, misturar com Nacl 10g, em seguida, adicionar o sabão líquido de ervas marinhas 10ml e adicionar o vinagre branco em 50ml misturar todos os componentes bem adicionar 10ml de extrato de água de flor natural para cor e bom cheiro. Agora o produto de limpeza de azulejos está pronto a ser utilizado. A quitosana ajuda a remover os agentes patogénicos dos azulejos, o vinagre e o sal também ajudam a remover as partículas sujas dos azulejos. Actua como um excelente produto de limpeza. É um produto natural e amigo do ambiente de baixo custo.

3.24. Limpador de casa de banho

A casa de banho pode conter pó e agentes patogénicos humanos, a mosca doméstica espalha agentes patogénicos humanos ao caminhar sobre os azulejos. Para eliminar estas coisas, desenvolvemos um novo produto de limpeza para casas de banho à base de quitosano, durante a preparação do primeiro, pegamos em 50 g de quitosano e misturamos com uma solução de bórax preparada com 5 g de detergente em pó e 5 g de sal e adicionamos 10 ml de água para misturar bem. Em seguida, misturar com 50 ml de vinagre branco, misturar bem todos os componentes e adicionar 15 ml de extrato de água de flores para dar cor e cheiro. De seguida, adiciona-se 5 ml de sabão líquido. Agora, o produto de limpeza da casa de banho está pronto a ser utilizado. O quitosano de insectos ajuda a remover os agentes patogénicos humanos dos azulejos, o vinagre e o sal também ajudam a remover as partículas sujas da casa de banho. Funciona como um ótimo produto de limpeza.

3.25. Champô

O Chitosan do gafanhoto tem propriedades antimicrobianas que protegem o couro cabeludo da caspa e de outras infecções fúngicas. Assim, pode promover o crescimento saudável do cabelo. O ácido gordo dá um brilho natural e brilhante ao cabelo, hidrata o couro cabeludo e reduz o frisado e a secura do cabelo. Tomar 1 colher de chá de feno-grego e 1 colher de chá de arroz de molho durante uma noite. Filtrar a água e adicionar 1g de quitosano em banho-maria e 1 colher de chá de glicerol durante 30 minutos e depois arrefecer. Adicionar 3g de Agar em ebulição aos 45 minutos. Nacl em 1 colher de chá e óleo de coco em 1ml. depois ferver e arrefecer. Forma-se um champô semi-sólido. O feno-grego é útil para suavizar e fortalecer o cabelo. A água de arroz é útil para dar brilho ao cabelo.

3.26.Fenoil

É um fenil fabricado naturalmente através da utilização de quitosano de alfarroba. Proporciona uma limpeza excelente das casas de banho. Trata-se de um método de preparação simples e de baixo custo. Ferve-se a folha de neem em recipientes e, quando esta ficar vermelha, o extrato de neem está pronto, adiciona-se cinco campânulas à tigela e mistura-se bem, adiciona-se uma pequena quantidade de sal e mistura-se bem com uma pequena quantidade de quitosana, de modo a que o fenil esteja pronto. O neem é um agente antibiótico que limpa as casas de banho e as mantém limpas através de um método simples e o camper dá frescura ao fenil. O sal limpa para sugar os compostos bacterianos nas casas de banho. As substâncias de quitosano reduzem as cargas de agentes patogénicos, sem adição de químicos. Por isso, não se trata de uma substância nociva para os seres humanos.

3.27.Gel para o cabelo

O gel de cabelo natural tem um bom desempenho, não tem efeitos secundários e é amigo do ambiente. Por isso, o gel capilar à base de quitosano foi desenvolvido no nosso laboratório. Tem um custo acessível. Na preparação do gel, primeiro foram adicionados 200 gm de extrato de flor de hibisco misturado com 20gm.

Em seguida, adicionar extrato aquoso de raiz de beterraba 25 ml de glicerina 2spn e extrato de quitosano 50 ml. Foi adicionada uma quantidade adequada de ágar. Todos os componentes são aquecidos e misturados bem. Foram adicionadas 3 gotas de essência de jasmim para obter um cheiro agradável e, depois de atingir a temperatura ambiente, formou-se um gel. O hibisco dá suavidade à hena e o gel de aloé vera dá frescura e suavidade ao cabelo e dá cor. A quitosana reduz a carga microbiana no cabelo. A glicerina e o ágar actuam como suavizantes e solidificam o gel.

3.28. Desinfetante

As mãos impuras estão a matar a principal fonte de agentes patogénicos, sendo o desinfetante e o líquido para lavar as mãos utilizados universalmente. O desinfetante é um produto de limpeza e redução de agentes patogénicos à base de álcool. A maior parte dos agentes patogénicos entra no nosso corpo através da manipulação incorrecta dos alimentos e da manutenção das mãos impuras durante as refeições. O quitosano tem alguns componentes antimicrobianos naturais que matam os agentes patogénicos humanos. Assim, primeiro o inseto

O quitosano é misturado com álcool isopropílico e, em seguida, misturado com peróxido de hidrogénio e glicerina, todos os componentes são bem misturados. Em seguida, adicionam-se algumas gotas de pó de jawwadhu para obter um cheiro agradável. Este desinfetante elimina facilmente a carga microbiana das mãos e é também de baixo custo, natural e amigo do ambiente. Pode ser facilmente preparado a partir de qualquer sítio.

3.29. Sabão e sabonete líquido

O sabão é um componente importante da casa de banho em todo o lado. O sabão à base de quitosana é um produto de baixo custo, mas tem uma boa eficácia na limpeza da carga microbiana. Na preparação deste sabão, começar por misturar 20 g de soda cáustica com 50 ml de quitosano de insectos, misturar com 130 ml de óleo de coco e depois adicionar 15 ml de extrato de flores para obter um cheiro e cor agradáveis. A soda castaica limpa o pó e os pesticidas indesejados e a pele das mãos. As soluções antimicrobianas também contribuem para a atividade de limpeza. O quitosano tem atividade antimicrobiana. Assim, elimina os micróbios patogénicos e a pele das mãos.

3.30. Máquina de lavar loiça

Os pratos são normalmente guardados no lava-loiça aberto da cozinha, que já contém partículas de sujidade e resíduos alimentares indesejados. As partículas de poeira e vários micróbios patogénicos podem depositar os resíduos nos pratos, criando doenças para os seres humanos. Para limpar estes micróbios indesejáveis, desenvolvemos uma máquina de lavar louça orgânica natural a partir do quitosano de insectos. Neste estudo, começa-se por misturar 10 g de sabão líquido à base de quitosano com 50 ml de água de quitosano, juntar 20 gotas de glicerina com 20 ml de extrato de limão e juntar algumas gotas de conforto com 30 ml de vinagre branco, misturar bem e depois juntar 10 ml de extrato de flores para obter um cheiro e uma cor agradáveis. O ácido cítrico do limão limpa o pó e os pesticidas indesejados. O vinagre também ajuda na atividade de limpeza. A quitosana tem uma atividade antimicrobiana. A glicerina também tem propriedades antimicrobianas, o que significa que pode proteger a pele de microrganismos nocivos.

3.31.Graxa para sapatos

A graxa de sapato à base de quitosana é um produto natural. O seu custo é muito baixo. É de fácil utilização para uso diário. É fácil criar esta graxa de sapato durante a preparação da graxa de sapato, primeiro pegue 20g de cera de abelha com 10ml de óleo de coco e quantidade adequada de carbono, todos esses ingredientes são fervidos novamente, adicione 3ml de quitosana e misture bem. Agora a graxa de sapato foi preparada, o carbono dá cor preta e o óleo foi dado ao brilho do couro. O quitosano tem atividade antimicrobiana e estas propriedades são utilizadas para aumentar a vida útil dos materiais de couro. Por isso, também será utilizada para sapatos e cintos. Se adicionar conservantes naturais adequados para aumentar o valor adicional dos produtos. Esta graxa de sapato é espessa e semissólida por natureza. Se for aplicado no couro, dá brilho porque a cera de abelha e o óleo dão brilho aos materiais de couro. O carbono finamente pulverizado dá uma cor preta espessa ao polimento.

3.32.Bioplásticos

No futuro, a poluição por plásticos cria muitos problemas ambientais. Como alternativa ao plástico, o bioplástico foi preparado com ingredientes naturais degradáveis, para além destes materiais foi adicionado quitosano e foi desenvolvido o bioplástico. Este bioplástico é um biopolímero à base de ervas marinhas. Os plásticos são utilizados de muitas formas na nossa vida quotidiana. Mas causam poluição e afectam a nossa saúde e o ambiente. Bioplástico Fig: 4.1.1. Coelho come ração em pellets Fig: 4.1.1. Coelho come pellets de ração O tic é uma alternativa ao plástico. É utilizada para preparar sacos de transporte, materiais de embalagem de alimentos e outros produtos. É completamente degradável, pelo que não há poluição ambiental. O quitosano tem uma potencial atividade antibacteriana, antifúngica e antiviral. Por isso, é bom utilizá-lo para embalagem de alimentos nas indústrias alimentares. É um produto ecológico, de baixo custo e natural. Por isso, é de fácil utilização. Durante a preparação, tomar 10 g de gelatina em pó, depois misturar com 400 ml de água destilada. De seguida, adiciona-se 1 colher de chá de quitosano em pó. Depois, misturam-se bem. Adiciona-se também 25 ml de glicerina. Colocar na placa de aquecimento a uma temperatura de 100° C durante alguns minutos. Misturar bem e, em seguida, verter para um tabuleiro revestido de porsalina e deixar assentar e evaporar o conteúdo de água durante 3 dias. Após 3 dias, forma-se o bioplástico. É um material limpo e transparente que se forma no fundo do recipiente. É facilmente removido do fundo. Também é utilizado para embalar alimentos e outros materiais. Trata-se de uma alternativa ao material plástico sintético no futuro. **3.33. Champô para cães**

Os cães são animais de estimação muito bons para as crianças e também para os idosos. Normalmente, o champô à base de produtos químicos está disponível no mercado. O champô à base de ervas não está disponível em lado nenhum. Em nossa casa, preparamos facilmente champô à base de ervas para os nossos animais de estimação. Neste estudo, o pó de quitosano (20gm) foi misturado com vários ingredientes, tais como sabão natural (15gm), curcuma em pó (2gm), vinagre (3ml), gel de aloé vera (15gm) e folha de neem (10gm), todos bem misturados e o champô foi preparado. Assim, limpará a pele do cão e reduzirá a carga microbiana, não havendo efeitos secundários, uma vez que se trata de produtos naturais à base de plantas. Está a reduzir o custo de produção. É adequado para a preparação de quitosano em champô para cães

3.34. Conservantes alimentares

Existem dois grupos de conservantes alimentares. Um é o dos conservantes naturais, que são tradicionalmente utilizados em todo o lado, e o outro é o dos conservantes químicos. Estes são utilizados na indústria e para fins comerciais. Os conservantes naturais são de utilização segura. As caraterísticas básicas dos conservantes alimentares são a redução da carga microbiana ou a supressão do crescimento de micróbios e a manutenção de um estado mais seguro dos alimentos para consumo. O quitosano solúvel em água tem uma boa atividade antimicrobiana. É um produto natural e de fácil utilização. Por isso, é adicionado a outros bio-conservantes naturais, o que aumenta a eficácia dos conservantes. O quitosano de insectos é um bom componente dos conservantes alimentares naturais.

3.35. Creme antimicrobiano

Nas zonas rurais, as pessoas pobres andam sempre descalças em todas as estações do ano. Se tiverem baixa imunidade, é possível que apanhem mais infecções. As feridas não cicatrizam num curto espaço de tempo. Neste contexto, sugerimos um creme antimicrobiano à base de quitosano, que pode conter o componente básico do creme e o quitosano com vários compostos antimicrobianos naturais. Estes limpam a carga microbiana e ajudam a curar as feridas. Este creme é seguro de utilizar e é composto por um produto natural.

3.36.Biopesticidas

A utilização de biopesticidas aumentou recentemente devido à sensibilização para a utilização de produtos ecológicos. Os biopesticidas têm um baixo custo de produção, são ecológicos e limpam a carga microbiana durante as doenças das plantas. Destruirão os agentes patogénicos devido à sua atividade antimicrobiana.

Conclusão

Todas estas opiniões são minhas, pelo que, com base nos métodos de tentativa e erro, qualquer pessoa pode desenvolver mais algumas aplicações. Mas todos estes desenvolvimentos de produtos são altamente adequados para formadores de pequena escala e pessoas industriais. Estes desenvolvimentos de produtos melhoram o meio rural

economia do mundo em desenvolvimento. Aumenta as oportunidades de autoemprego da geração jovem da população rural.

Bibliografia

1. Muruganandam. M (2020) Atividade antifúngica
triagem em produtos naturais: Livro Primeira edição pub: Por Einsteein Bio-engineering research foundation, sul da Índia, pp:76: 9789982-22-300-3.

2. Muruganandam. M (2019) Rural Economic
desenvolvimento através de formas de pequena escala - livro: primeira edição pp: ISBN: 978-9982-22-611-0.

3. Muruganandam. M, S. Saranya e B. kokila (2018) Importância económica da Azolla- actas do seminário nacional sobre pesca marinha e aquicultura 20: set:2018.

4. Muruganandam. M. (2005) Binders for farm made Aqua feed. Aqua Tech.vol.4: Edição No:4. Pp:78-79

5. Muruganandam. M. (2005) Feed attractants for enhances aqua culture production. Aqua Tech.vol: 5(3); pp: 62-63

6. Muruganandam. M. (2005). Atractores ecológicos para rações produzidas em explorações agrícolas Aqua Tech. 5(8). Pp:90

7. Muruganandam. M. (2005) Atractivos alimentares de baixo custo para a alimentação de peixes de gato Aqua. 5(8) Tech. pp: 9.

8. Actas do Seminário Internacional sobre a abordagem científica da conservação e da biodiversidade, organizado pelo Departamento de Zoologia,SAAS,Colégio,Ramanathapuram.Fev -3-2023,P37

Capítulo 4

Indústria de alimentos para animais

4.1 História

Antigamente, os insectos eram utilizados como alimento para consumo humano e para animais domésticos em muitas partes do mundo. Os insectos multiplicam-se enormemente durante a estação. Estão disponíveis em abundância. Estes insectos, especialmente os mais baixos do deserto, são recolhidos, conservados e armazenados para serem utilizados como alimento para seres humanos e animais domésticos.

As formigas do deserto são utilizadas principalmente como alimento nos países do Médio Oriente, África e Ásia. No sul da Índia, durante as estações das chuvas, as formigas macho são recolhidas e utilizadas como alimento humano suplementar com outros pratos nas zonas rurais. Ainda na alimentação mexicana, os insectos são utilizados como alimento juntamente com produtos alimentares modernos; para os animais domésticos, são sobretudo utilizados como ingredientes de rações. É principalmente utilizada como alimento suplementar para a piscicultura, as aves de capoeira e as cabras. A utilização correta da farinha de alfarroba ajuda-nos a satisfazer as necessidades alimentares no futuro.

4.2 Valor nutricional

Do ponto de vista nutricional, os gafanhotos e os gafanhotos são excelentes fontes de proteínas e de outros nutrientes essenciais. Além disso, os insectos são ricos em proteínas (48-61%), contendo todos os aminoácidos essenciais muito bons. São utilizados na alimentação de animais vivos. Os gafanhotos contêm quantidades adequadas de iodo, fósforo, ferro, tiamina, riboflavina, niacina e também os níveis de hidratos de carbono são muito baixos nos gafanhotos.

A análise química dos insectos mostrou que estes eram ricos em gordura (14-26%) com uma elevada proporção de ácidos gordos insaturados. (60-70) Contudo, o perfil de proteínas brutas e de aminoácidos pode variar consoante a espécie e a qualidade de desenvolvimento do substrato cultivado.

A análise proximal mostrou que contêm uma quantidade substancial de gordura, particularmente sob a forma de ácidos gordos poli-insaturados. Para além dos elevados teores de proteínas e de gordura, têm um elevado teor de fibra devido à presença de quitina. A percentagem de gordura nos gafanhotos do deserto é inferior à sua percentagem de proteínas. A percentagem de ácidos gordos saturados e insaturados é de 44% a 54%, respetivamente. Os ácidos palmítico e linolénico são os ácidos gordos mais abundantes. Mas o teor de colesterol é mais elevado do que o encontrado na carne ou nas aves de capoeira. Os níveis de hidratos de carbono são muito baixos nos gafanhotos. Os gafanhotos também contêm muitos minerais, tais como si, Fe, Mn, k, ca, Mg, Ti, Ni, Ps, Na, etc.

4.3 Pellet Alimento suplementar.

A farinha de alfarroba é uma boa fonte de proteínas, pelo que é utilizada como fonte suplementar de proteínas em muitos alimentos para animais domésticos. É um alimento adicional para melhorar o crescimento, a reprodução, a saúde e a sobrevivência de muitos animais domésticos. A alfarroba está disponível em grande quantidade numa determinada estação. Por isso, é facilmente convertido em alimentos peletizados e armazenado para utilização a longo prazo. É também utilizada como alimento humano.

Os alimentos suplementares preparados para vários fins. Por exemplo, alimentos medicinais, alimentos para produtores, alimentos para criadores, alimentos probióticos, alimentos para larvas, etc. Para esse fim específico, os componentes dos ingredientes serão alterados. Mas a farinha de alfarroba é adequada para todos os tipos de alimentos para animais domésticos. Estas proteínas de gafanhoto, ácidos gordos, aminoácidos, vitaminas e minerais são muito essenciais para o crescimento, a sobrevivência e a maioria dos animais domésticos. O gafanhoto é um produto natural, amigo do ambiente e não tem efeitos secundários para os utilizadores.

4.4 Ração para peixes

As proteínas são as partes essenciais dos alimentos para peixes que são utilizadas para a construção de músculos. Muitos resíduos biológicos são utilizados como fonte barata de proteínas para a preparação de alimentos para peixes. A farinha de alfarroba é também uma boa fonte de proteínas suplementares para a alimentação dos peixes. O alimento suplementar é um alimento adicional para além do programa normal de alimentação. Mas reduz as despesas totais do custo da alimentação e o nível de consumo regular de ração. Melhora a taxa de crescimento, a sobrevivência e a imunidade dos peixes durante a cultura. Ajuda a aumentar os lucros dos criadores de peixes. É também uma importante fonte de proteína animal nos alimentos para peixes em pellets. Os alimentos proteicos suplementares ajudam a atingir o crescimento máximo dos peixes num curto período de tempo na piscicultura. A farinha de alfarroba será utilizada em preparações de rações, o que reduzirá o custo das rações e aumentará o lucro dos agricultores.

A farinha de alfarroba pode ser utilizada como ingrediente proteico alternativo na alimentação dos peixes. Especialmente a tilápia do Nilo, que aumentou o seu peso com um nível de inclusão de 50% de farinha de alfarroba, produziu melhores resultados em termos de crescimento. Alguns aspectos da alfarroba podem aumentar o teor de proteínas de 50% do peso seco para quase 60%, tornando-a mais densa em proteínas do que as vacas.

4.5 Alimentos para peixes ornamentais

Atualmente, os alimentos para peixes ornamentais são mais importantes. Se forem preparadas com ingredientes de ração disponíveis localmente. Reduzirá o custo de produção de rações na indústria de rações para peixes ornamentais. Existem muitos ingredientes de baixo custo e com elevado teor de proteínas nas zonas rurais. A farinha de alfarroba é um deles. Está disponível gratuitamente. É uma boa fonte de proteínas para a alimentação de peixes e permite reduzir o custo de produção de rações. É adequada para todos os tipos de peixes ornamentais. Os peixes herbívoros também aceitam proteínas animais através de alimentos granulados até um certo limite.

4.6 Transmissão em direto

Para a produção de alimentos para animais vivos, são utilizados muitos ingredientes. A farinha de alfarroba pode ser utilizada como matéria-prima. No nosso laboratório, as experiências provam que a farinha de alfarroba induz a produção de biomassa de levedura. Assim, é possível alargar o crescimento dos alimentos vivos. Estes alimentos vivos são utilizados para os juvenis de peixes ornamentais, peixes de concha e todos os peixes comestíveis. Assim, aumenta o lucro da indústria de alimentos para larvas de peixes. Atualmente, as minhocas da mosca doméstica são utilizadas como alimento vivo suplementar para peixes ornamentais. Para a leitura destes vermes, a proteína de inseto é uma fonte adequada e também mais barata, mas ao mesmo tempo é altamente nutritiva.

4.7 Alimentos para aves de capoeira

A criação de aves de capoeira dá emprego a um grande número de pessoas nas zonas rurais. A luz é um fator de controlo importante para o horário de alimentação das aves de capoeira, especialmente a luz verde aumenta a taxa de crescimento das aves de capoeira. A alimentação saudável das aves de capoeira requer uma quantidade suficiente de proteínas, gorduras e hidratos de carbono, juntamente com as vitaminas e os minerais necessários. A farinha de alfarroba fornece a maioria dos nutrientes aos alimentos suplementares para aves de capoeira e também é utilizada como uma boa fonte suplementar de proteínas para a alimentação.

Naturalmente, os pintos alimentam-se de pequenos insectos. Por conseguinte, é adequado para preparações de alimentos para aves de capoeira. A farinha de alfarroba reduz o custo de produção e aumenta o lucro dos agricultores. Os cientistas sugerem que a alfarroba pode ser utilizada como suplemento proteico nas dietas das aves de capoeira, pelo que, atualmente, em muitos locais, a farinha local é utilizada como fonte barata para a produção de suplementos proteicos comerciais para aves de capoeira. O Paquistão e a China já utilizam a farinha de alfarroba como fonte suplementar de proteínas para aves de capoeira e patos.

4.8 Alimentação dos patos: Os patos comem naturalmente insectos como alimento. Os gafanhotos são recolhidos e fornecidos diretamente como alimento. Um pato pode comer mais de 200 gafanhotos por dia. A China poderia enviar 1,00,000 patos para o Paquistão para ajudar a combater a invasão de gafanhotos. A farinha de gafanhoto é utilizada na alimentação das aves de capoeira, pois contém mais proteínas, o que ajudará a fornecer mais carne e ovos a um custo mais baixo. Será útil para reduzir os custos de alimentação das aves de capoeira. A forma de pato é um bom autoemprego para a população rural. É também útil para preparar alimentos granulados e armazená-los para utilização a longo prazo.

4.9 Alimentação do gado

A Índia tem cerca de 20% da população mundial de bovinos. Estes animais são a espinha dorsal da agricultura animal do nosso país e têm um contributo significativo para a economia rural. Para além da alimentação principal, as proteínas suplementares melhoram a produção de biomassa e a produção de leite. As farinhas de baixo custo podem ser utilizadas como fontes de proteínas suplementares para a alimentação do gado. A farinha de alfarroba reduz o custo de produção dos alimentos e aumenta os lucros dos agricultores.

Hoje em dia, é provável que a utilização de insectos como alimento para animais seja um conceito mais amplamente aceite. Os insectos eram ricos em gordura e proteínas com quase o mesmo perfil de aminoácidos essenciais que a farinha de soja. Com base nas experiências, a fonte de insectos substituiu 25% das proteínas de alta qualidade sem quaisquer efeitos negativos.

4.10 Alimentos para suínos

A indústria da suinicultura está a crescer muito rapidamente nas zonas rurais. Esta atividade permite à população rural criar mais emprego por conta própria. Os porcos são animais omnívoros. Necessitam de mais proteínas alimentares para atingirem uma taxa de crescimento mais elevada durante um curto período de tempo. A criação de porcos é também muito rápida. A maior parte dos bio-resíduos contém um elevado nível de nutrientes e são também utilizados como ingredientes para a alimentação dos porcos de criação. Durante a preparação da ração, são utilizados vários ingredientes de baixo custo. Mas são utilizados ingredientes com elevado teor de nutrientes. A farinha de alfarroba de insectos pode ser utilizada como fonte suplementar de ingredientes proteicos para a alimentação artificial de suínos. Aumenta a taxa de crescimento e o lucro, mas reduzirá o custo de produção da ração.

4.11 Ração para cães

Os alimentos para cães em pellets estão disponíveis no mercado. Esta indústria de alimentos para animais de companhia é também uma indústria emergente de pequena escala. Durante o desenvolvimento da ração, utilizaremos a farinha de alfarroba como ingrediente proteico. Trata-se de um ingrediente natural de fonte de proteínas e também de fontes de proteínas animais. Reduzirá o custo de produção e é amiga do ambiente. É um material de origem universalmente disponível. Portanto, é possível usar farinha de gafanhoto em preparações de ração para cães.

4.12 Alimentação humana

A entomofagia é a prática de comer insectos como alimento, parte cultivada da dieta pré-histórica em muitas áreas do mundo. Desde então, tem sido uma parte regular da dieta de muitas pessoas de várias culturas em todo o mundo. Estima-se que muitos povos da Ásia, África e América do Sul praticam o inseto como alimento. Hoje em dia, o inseto faz parte das dietas ocidentais. Os insectos comestíveis parecem ser uma solução alternativa promissora para garantir a segurança alimentar na crise global que se avizinha. Os insectos para consumo humano são cozinhados de várias formas, como fritos, fumados ou secos.

Durante países, os nativos americanos comiam gafanhotos e outros insectos nas suas dietas. No Médio Oriente, especialmente nas regiões de África, os gafanhotos e os gafanhotos também foram consumidos durante séculos e, em alguns locais, ainda hoje o são. Os gafanhotos são utilizados como alimento para humanos e animais. Os gafanhotos produzem cerca de cinco vezes mais alimentos por unidade de forragem do que o gado.

4.13 Ração para animais de estimação

As indústrias baseadas em animais de companhia estão a crescer lentamente em pequena escala nas cidades. Nesta área, estão atualmente a desenvolver-se muitas pequenas lojas de animais. Vendem muitos tipos de rações granuladas e medicamentos para animais de companhia. Normalmente, as crianças gostam muito de animais de estimação. A indústria de rações para animais de companhia dá emprego e trabalho a muitas pessoas; apoiará a vida quotidiana de muitos jovens. O desenvolvimento de medicamentos para animais de companhia, a preparação da idade, os tanques de água, etc., ainda não estão completamente desenvolvidos. Trata-se, portanto, de uma indústria em crescimento no mundo em desenvolvimento.

Fig: 4.1.1. O coelho come ração em pellets.

4.14 Alimento composto

Este conceito foi desenvolvido principalmente pela Rússia, que recolhe todo o gafanhoto e o alimenta, misturando-o com vários alimentos para animais domésticos, especialmente para aves de capoeira e suínos. Estes serão designados por alimentos compostos para animais. Utilizam completamente todos os gafanhotos como ingredientes para a alimentação dos animais domésticos produzidos na quinta. Estes alimentos aumentam a taxa de crescimento, a imunidade e a sobrevivência dos animais de criação, ao mesmo tempo que reduzem o custo dos alimentos e aumentam o lucro dos pequenos agricultores. São também produtos naturais, amigos do ambiente e universalmente disponíveis.

4.15 Alimentos para animais produzidos na exploração integrada

Na exploração integrada, vários tipos de animais domésticos são criados no mesmo local e ao mesmo tempo. A farinha de alfarroba é um suplemento adequado para adicionar todos os tipos de alimentos para animais domésticos. Os alimentos granulados são armazenados durante alguns meses para utilização a longo prazo. Aqui a farinha de alfarroba é convertida em pellets de ração com a adição de alguns outros ingredientes e armazenada a longo prazo para fornecer alimentos a todos os animais da quinta. São necessárias algumas experiências para verificar a alteração da qualidade durante o armazenamento destes alimentos em pellets. Depois disso, a gama ideal de farinha de alfarroba será misturada com outros ingredientes e prepara-se a ração em pellets. A alfarroba é recolhida, processada e depois misturada com os ingredientes adequados com os níveis necessários, e a ração em pellets feita na quinta será preparada e armazenada em todos os tipos de animais domésticos.

Conclusão

A farinha de alfarroba é uma boa fonte suplementar de proteínas em todos os alimentos para animais domésticos. É economicamente barata e é também um bio-resíduo, a utilização de bio-resíduos é melhor para as pessoas do mundo em desenvolvimento. Reduz o custo de produção de rações para todos os animais domésticos. Tem muitos nutrientes essenciais; apoiará o crescimento, a sobrevivência e a imunidade de todos os animais domésticos.

Na recolha de gafanhotos, pode ser dispendioso fornecer mão

de obra para a recolha, limpeza e armazenamento, caso contrário é um produto natural economicamente barato. Se for corretamente utilizado, apoiará a agricultura animal e melhorará a economia rural do mundo em desenvolvimento. Proporciona autoemprego e oportunidades de emprego à população rural e satisfaz as necessidades proteicas das populações humanas e dos animais domésticos em crescimento, sendo um produto puramente natural e amigo do ambiente,

Por isso, é muito seguro para nós.

Fig. 4.2 Alimentos para caprinos - pellets

Bibliografia:

1. "Proteína de insectos": quando os gafanhotos se aglomeram, podemos alimentá-los com peixes e aves de capoeira?

2. Ciência e Tecnologia da Alimentação Animal (Vol:135:PP:66-74-2007)

3. Ciência das aves de capoeira: Vol:66, PP: 1367-1371-98)

4. Joost Van after back (2020) A conversa maio-27-22- Fonte Net: "Os gafanhotos são uma excelente fonte de proteínas, mas comê-los já não é uma boa ideia.

5. Muruganandam. M. (2019) Desenvolvimento de alimentos suplementares para pequenos agricultores - Actas da Conferência Internacional sobre Biodiversidade e Utilização 22 de agosto de 2019.

6. Muruganandam. M. (2013) Broiler Chicken Production and Management. Livro: Primeira edição PP: ISBN 978-9982-22-4987.

7. Muruganandam. M. (2020) Triagem de atividade antifúngica em produtos naturais: Livros: ISBN; 978-9982-22-300-3.

8. Mohammed. F.A., Sulaiman, H.M.A, Yousuf. R.A., Mohammed, AA., Atlases., A.M end Rahman. ME. (2020) Efeitos de diferentes níveis de farinha de gafanhoto no crescimento, conversão alimentar e consumo de carcaça de alevinos de Tilápia do Nilo (*Oreochromis niloticus*). Int. Joul. Oce. & Agri.Vol:4, Issue:2,.

9. Notícias sobre novas proteínas - 3-7-2020. Proteína de insectos: Patos para combater a praga de gafanhotos no Paquistão-net-sources:

10. 19 de junho de 2020. Enxames de gafanhotos para alimentar galinhas - fontes da rede:

11. Eslam Ahmed, Naoki Fukuma, Mosaki Hamada e Takehironishida (2021) Insectos como novos alimentos para ruminantes e potencial estratégia de mitigação das emissões de metano: Animals: 2021,17,: 2468 https//doi.org/10,339u. e 1.11/092/648.

12. O valor nutricional dos gafanhotos-FAO-fonte líquida.

13. Vassilabilas vaoles (2018) os resíduos alimentares como uma nova fonte potencial para a produção de insectos comestíveis para alimentação humana e animal: A review. Fermentação. www.http/

14. Tilman, D; Clark, M, Dietas globais ligam a sustentabilidade ambiental e a saúde humana, Nature 2014, 515, 518-522.

15. .Opio: C, Ger beer, P; motter; fal c-cc1; A; Tempio, G; Macleod, M, Velhinga, T; Hendenclvo, B, green house gas emission from Reunion supply chains. A global like cycle assessment; Organização das Nações Unidas para a Alimentação e a Agricultura; Roma, Itália, 2013; ISBN 978-92-5-107-945-4.

16. Gerber, P.S; Steinfield, ,H.Hendrerson B; Mottet, A;Opio,C.,Dijkman,J., Falcucci,A ; Tempio.G ,Tackling climate charge through livestock. A global assessment of emissions and mitigation opportunities; food and agriculture organization of the United Nations Rome, Italky-2013. ISBN: 925-10-7-920-x

17. Stainfild , H;Gerber, P; wassaneor, T.D; Castel, V; Roseles, M; de Haan.c, Livestock Long shadhow and Agriculture e organization of the united nations, Rome, Italy, 2006; ISBN: 978-92-105571-7.

18. Smith. P; Gregory P.J. Carga climática e produção sustentável de alimentos proc Nut. Soc. 2013,72,21-28.

19. Khan. S, Khan, R. Sultan, A; Khan, M, Hajat, S.U, Shahid, M. Avaliação da adequação da farinha de milho como substituto parcial da soja nas caraterísticas produtivas, índices de digestibilidade e propriedades organolépticas de frangos de carne. J. Anim. Physio, Anim. Net,2016, 100, 649-656.

20. Halloran, A; Hensen, H.H, Jensen, LS, Bruwn, S. Comparando os impactos ambientais de insetos para alimentar um alimento como alternativa à produção animal, em insetos comestíveis em sistemas alimentares sustentáveis: Halloren, A, Flone, R, Vantomme, P, Roos, N, Edits; Springer, Berlin He idleberg, Her muitos, 2018, PP. 163-180.

21. FAO, The all crops monthly price and policy update (MPPU). Disponível em linha: crops/publications, monthly-price and policy- update/en.

22. GasCo, L; Biasato, I, Daboun, s; Schiawne, A; Hai, F, Animais alimentados com insetos; Estado da arte sobre desempenho de digestibilidade e dralidade do produto. Animais 2019, 9, 170.

23. Digiacomo, k; Akit, H, Lenry B.J. Insectos; Fonte anual de proteínas para alimentação animal para o mercado de astrain. Animal product Science 2019, 59, 2037.

24. Van Huis, A. Edible Insects. Future prospects for food and feed security; Organização das Nações Unidas para a Alimentação e a Agricultura Roma, Itália 2013, ISBN 978-92-5-107578-96-8.

25. Makkar, H.p; Tran, G, Heuze, V, Ankens, P. Estado da arte sobre a utilização de insectos na alimentação animal. Animal Feed Science Technical 2014, 197, 1-33.

26. Jayanegara, A; Hustanti, R; Ridwan, R, Wid yastuti, Y, Fatcty acids profiles of home insects of and their. Effect on in vibratos bovine rumen fermentation and methanoogenesis. Itálico. J. Anim. Science 2020,19, 1310-1317.

27. Chakrerorty, J, Hosh, S, Jung C, meyer-Rochow, V.B. Composição nutricional de Chondacris rosea e Brachy troupes orientalise Dois insetos comuns utilizados como alimento por tribos de Arunachal Pradesh Índia, J. Asie-Per, Entmal, 2014, 17,407-415.

28. Sprangters, T, Ottobuni, M, Klootwijk, C, UVYN, A; Deaboosenre, S, Demeuleneer, B, Michles, J, E eclchout, M, Declereq, P. Desmet, S, Composição Nutricional do soldado em branco, mosca (Hermetia fllucens) preparar criados em diferentes subtratos de resíduos orgânicos. J. Science Feed Agricultural, 2017, I 594-2600.

29. Mereguz, M; Schiavone, A, Sai, F, Iara, A, Lissiona, C, Renna, M; Gascl. Efeito ou substância de criação no desempenho do crescimento, eficiência na redução de

resíduos e composição química das larvas da mosca-soldado negra *(Hermetia illuscens)*, J. Science, food, Agricultural 2018, 98, 5776-5784.

30. Senche Z, Muros, M.J. Barrose, F, Monzan Auygliaro, F, Insect meal os renewable source of food for animal feeding. Uma revisão-J. Clean, Produto 2014, 65, 96-27.

M. Muruganandam publicou mais de cem publicações, incluindo doze livros. As suas publicações são citadas em várias bases de dados. É editor em doze revistas internacionais. Interessa-se pela investigação sobre o desenvolvimento de vacinas bacterianas.

I want morebooks!

Buy your books fast and straightforward online - at one of world's fastest growing online book stores! Environmentally sound due to Print-on-Demand technologies.

Buy your books online at
www.morebooks.shop

Compre os seus livros mais rápido e diretamente na internet, em uma das livrarias on-line com o maior crescimento no mundo! Produção que protege o meio ambiente através das tecnologias de impressão sob demanda.

Compre os seus livros on-line em
www.morebooks.shop

Printed by Books on Demand GmbH, Norderstedt / Germany